中华母亲花：
萱草花

黎雅广◎编著

SPM 南方传媒 | 广东人民出版社

·广州·

图书在版编目（CIP）数据

中华母亲花：萱草花 / 黎雅广编著 . -- 广州：广东人民出版社，2024. 8. -- ISBN 978-7-218-17744-1

Ⅰ . S682. 1-49

中国国家版本馆 CIP 数据核字第 2024Y4H349 号

ZHONGHUA MUQINHUA: XUANCAOHUA

中华母亲花：萱草花

黎雅广　编著

出 版 人：肖风华

责任编辑：张竹媛　汪　冬　李　希
插画绘制：孟宪龙　谢璐羽
图片提供：视觉中国　深圳博物馆
图片拍摄：张志国　黄清喜　熊文丹
责任校对：胡艺超　林　俏　裴晓倩
音乐审校：姚　畅
责任技编：吴彦斌　赖远军
项目推广：黎子豪　刘　灏　卢韵乔
视频制作：周佳慧

出版发行：广东人民出版社
地　　址：广州市越秀区大沙头四马路 10 号（邮政编码：510199）
电　　话：（020）85716809（总编室）
传　　真：（020）83289585
网　　址：http://www.gdpph.com
印　　刷：广东鹏腾宇文化创新有限公司
开　　本：889 毫米 ×1194 毫米　1/16
印　　张：3.75　字　　数：56 千
版　　次：2024 年 8 月第 1 版
印　　次：2024 年 8 月第 1 次印刷
定　　价：45.00 元

如发现印装质量问题，影响阅读，请与出版社（020-85716849）联系调换。
售书热线：020-87716172

序　言

　　中国是一个礼仪之邦，讲究孝悌仁义。人的行为准则是修身齐家治国平天下，从自身做起，从家庭做起。齐家的核心是孝道，孝道的基本内容是孝敬父母。孔子讨论孝道的时候说："父母唯其疾之忧。"意思是，做儿女的除了生病让父母担忧，其他的事务都要自己担起来，不要让父母操心。俗话说：儿行千里母担忧。父母担心儿女的生活是天性。那怎样才能让父母减轻担忧呢？

　　有一种植物，在中国自古就被称为"忘忧草"，能使人心安神定，忘却忧愁。这种忘忧草，就是萱草。萱草是阿福花科萱草属植物，具有药用功能。历史上的中医典籍多认为：萱草解毒除烦，利血平肝，令人欢乐，令人忘忧。大家常见的黄花菜就是萱草的一个类型。现代医学也证实：黄花菜有降血压、降血脂、改善大脑功能和减轻抑郁的作用，食用和药用价值都很突出。庭院栽种的萱草，盛夏开放，花期长，气味芬芳，色彩鲜艳，是很好的观赏花草。大概在先秦时期到南北朝时期，萱草的意象主要是忘忧与怀念。到唐代，萱草的意象逐渐成为思念母亲、孝敬母亲。把萱草栽种在家里，岂不是可以让母亲心气平和、无忧无虑？于是，庭院栽种萱草，愿母亲平平安安，逐渐成为中国人孝敬父母的习俗。

萱草花成为母亲花，在唐朝形成了普遍的认同。人们把母亲称为"尊萱""仙萱""堂萱""萱室""萱亲""萱闱""萱花"等，也称为"北堂""北堂萱"。"北堂"成为母亲的代名词，与古代的建筑布局和文化习俗有关。中国传统住宅中，北面的堂屋是家庭成员聚会和女主人管理家务的中心位置。"北堂萱"的说法，是由于《诗经》中有将萱草栽种在北堂的诗句，因此"北堂"这一母亲的代名词也与萱草产生了联系。萱草花是儿女献给母亲的礼物，像一面旗帜，闪耀着中华传统孝文化温暖的光辉。

于是，孩子们在祝福母亲的时候，总是提到"萱"的意象。中华传统文化中，将母亲比作萱草，将父亲比作椿树。一方面是祝福其无忧无虑，一方面也是颂扬其无私奉献。"椿萱并茂"是对父母的共同祝福，而"萱花永茂""萱堂日永"等，则是对母亲的祝词。这些祝词被刻在牌匾上，在母亲生日的当天，以隆重的仪式，敬献给母亲，悬挂在堂上，彰显着中华孝道文化的不朽品格。

中国古代诗文书画中有大量的以萱草为题材的作品，包含着颂扬母亲、祝福母亲、母子情深等丰富的主题，是中华优秀传统文化的瑰宝，值得我们欣赏与传承。

中国萱草作为母亲花的历史比国外康乃馨要早千年以上，因此，我们更应当传承这一传统，将中国的母亲花文化与世界分享。同时，建立中国的母亲节，也是弘

扬中华孝道文化的重要举措。现在各地提出的嫘祖生日中华母亲节、西王母诞辰中华母亲节、女娲圣诞中华母亲节、孟母生辰中华母亲节、黄道婆黄母诞中华母亲节等方案，都是值得赞许的。中华母亲是一个群像，是一个慈爱的人物谱系。可以考虑中华母亲节东西南北中空间方案，也可以考虑中华母亲节春夏秋冬四季，或者十二个月的时间方案。但是，无论母亲节的代表是谁，中华母亲花必定是萱草花，因为萱草花承载着中华孝道文化和礼仪文化的深厚内涵。

2024 年 6 月 23 日
海上南园

田兆元，华东师范大学民俗学研究所教授，博士生导师，华东师范大学中华优秀传统文化创新研究院执行副院长，华东师范大学非物质文化遗产传承与应用研究中心主任。主要研究方向为神话学与民间文学研究、中华文化传统传承研究、非物质文化遗产保护等。

序言

3

目 录

中华母亲花：萱草花

第一章　一起认识萱草花

　　在中国传统文化中，萱草花作为母亲花的历史源远流长。远在康乃馨成为西方母亲节的象征之前，萱草花就已然在中国文化中扮演了母亲花的角色。萱草花不仅具有观赏价值，有些类型的萱草花蕾还可以食用，例如黄花菜。这种花不仅美丽，而且蕴含着深厚的文化内涵和情感价值，在中华传统文化中用以表达对母亲的敬爱之情。

问：萱草花是什么？

答：萱草是阿福花科萱草属植物，在中国大江南北都有生长。萱草花的花形与百合花相似，但叶子却与兰花叶相似。主要在夏季5～8月开花，花期长，有20～35天，新品种可以多次开花。萱草的适应性强，品种繁多，花色丰富，花型多样，具有观赏性。但是，有的能食用、入药，有些则不能。

萱草花是我国的传统名花，是"中国十大传统吉祥植物"之一。它有很多叫法，古名叫"谖草"，民间又叫"黄花菜""忘忧草""宜男草""金针""疗愁""川草花"等。

花型多样的萱草花 / 摄于上海应用技术大学国家萱草种质资源库

问：萱草为什么叫忘忧草？

答：对此大致有两种说法。第一，萱草在历史上也作"谖草"，其中"谖"的意思即是忘记。因此，"谖草"直接寓意忘却。古人认为种植或观赏萱草能帮助人们忘掉忧愁和不快，故名"忘忧草"。

随着时间的推移，忘忧草这个称呼愈发深入人心。

第二，《博物志》道："萱草，食之令人好欢乐，忘忧思，故日忘忧草。"狭义所指的萱草具有一定的药用价值，其根茎、花蕾等部位入药后，能够帮助治疗疾病，缓解病痛，使人心情舒畅，从而达到"忘忧"的效果。后来人们把忘忧的意义放大，并广泛使用。所以，萱草就被称为忘忧草了。

中华母亲花：萱草花

问：萱草为什么叫宜男草？

答：萱草被称为"宜男草"，主要是源于中国古代的文化传统和民间信仰。《本草纲目》中提到，《风土记》曾记载，萱草的花适宜怀孕的妇女佩戴，佩戴者必"生男"，因此得名"宜男草"。当然，这可能是来源于古人观察到萱草的某些特性或仅仅是民间传说，并没有太多的科学根据。现在的社会，生男生女都一样，早就没有重男轻女的思想了。

问：萱草花为什么被称为中华母亲花？

答：萱草花作为"母亲花"由来已久，且极富文化内涵，主要源于中国古代的文学、艺术及民间传统。早在《诗经》等古籍中就有对萱草的描述，它常被用来比喻或象征对母亲的思念与敬爱。如诗句"知君此去情偏切，堂上椿萱雪满头"，通过"椿萱"代指父母，其中"椿"代表父亲，"萱"代表母亲。孟郊有两首著名的游子诗，一首为《游子吟》，另一首名为《游子》，后一首诗将萱草与母亲联系起来，将《诗经》中"种萱思夫"的含义延伸为"种萱孝母"。

萱草又名忘忧草，它能让人"忘却一切不愉快的事情、放下忧愁"。所以在古代，当孩子要外出远行时，就会在家中母亲居住的"北堂"种植萱草，意思是无论孩子走到哪里，都希望母亲能通过看到萱草花而忘记想念孩子的忧伤，让母亲的心灵得到慰藉，以此表达对母亲的感激与挂念。人们还将母

亲居住的地方称
为"萱堂"。这
种习俗强化了萱
草与母爱之间的
联系。

　　萱草花之所
以能够成为中国
的"母亲花"，是其忘忧的寓意与家庭情感的深刻
关联，以及长期的文化传承等因素共同作用的结果。
它不但在诗词歌赋中频频出现，还被绘制于画作之
中、雕刻于器物之上，乃至成为节日庆祝时赠送给
母亲的礼物，这些都进一步巩固了其"母亲花"的
地位。

　　随着时间的流转，萱草作为母亲象征的文化传
统得以不断传承与发扬。

第二章　诗文中的萱草花

　　萱草在古诗中不仅承载着对个人情感的抒发，还体现了对家庭、社会和自然的深刻感悟，是古代文人墨客表达内心世界的重要载体之一。通过这些诗歌，我们可以窥见古人对生命、情感和自然界的独特理解与体悟。

答：关于萱草的栽培历史可以上溯到约三千年前。《诗经·卫风·伯兮》中就有对萱草的记载：

焉得谖草，言树之背。

大意：我去哪里找到一棵萱草种在北堂前呢？

注释："谖草"又叫萱草，古代又称"忘忧草"。"背"即北，这里指北堂，在古代即为母亲的居所。这里的萱草，代表着忘记忧愁的含义。

游子吟

［唐］孟郊

慈母手中线，游子身上衣。

临行密密缝，意恐迟迟归。

谁言寸草心，报得三春晖。

大意：慈母用手中的针线，为远行的儿子赶制身上的衣衫。临行前一针针密密地缝缀，因为担心儿子回来得晚衣服会破损。有谁敢说，子女像小草一样微弱的孝心，能够报答得了如春晖普泽的慈母恩情呢？

注释：诗歌表达了母子之间的真挚情感，所谓"寸草心"中的这个寸草，就是萱草。

孟郊（751—814），今浙江德清县人。

游 子

［唐］孟郊

萱草生堂阶，游子行天涯。

慈亲倚堂门，不见萱草花。

大意：萱草花长在母亲居住的北堂门前的台阶下，在外漂泊的游子行走天涯。慈爱的母亲靠在门边观望，一心念着远方的游子，眼里看不到萱草花。

注释：这首诗将萱草花与母亲紧密联系在一起，深刻地表达了母亲对远行子女的思念，以及盼望子女平安早归的心情。

和子由记园中草木十一首其一
（节选）

〔宋〕苏轼

萱草虽微花，孤秀能自拔。

亭亭乱叶中，一一劳心插。

大意： 萱草花虽然是一种微不足道的小花，却也有自己独特的挺拔气质。她在草丛中亭亭玉立，高洁自守，有自强不息的精神。

注释： 这首诗讲述萱草花展现出来的魅力和坚韧，象征着母亲和坚韧不拔的精神。

苏轼（1037—1101），今四川眉山市人。

书院杂咏·萱花

［宋］王十朋

有客看萱草，终身悔远游。
向人空自绿，无复解忘忧。

大意：身在他乡看见萱草花开，不由想起了母亲。悔恨自己远在天涯，不能陪伴在母亲的身边。看着这绿色，心中却空空如也，没有办法忘掉忧愁。

注释：诗中的萱草已经成为母亲的象征，表达了诗人对母亲的深厚感情和对孝道的重视。

王十朋（1112—1171），今浙江乐清市人。

萱 草

［宋］朱熹

西窗萱草丛，昔是何人种。

移向北堂前，诸孙时绕弄。

大意：西边的窗户下长满了萱草，昔日种植这些萱草的人是谁呢？如今移植到北堂前，后代的子孙时常在这里嬉笑玩耍。

注释：这首诗通过简洁的语言展现了岁月更替和家族传承的情感，表达了在母亲居住的北堂前移植萱草、儿孙绕膝、颐养天年的怡然之情。

朱熹（1130—1200），今江西婺源县人。

今 朝（节选）

[元] 王冕

今朝风日好，堂前萱草花。
持杯为母寿，所喜无喧哗。

大意： 今日风和日丽，堂前的萱草花开得很美。举杯祝福母亲长寿，这静美的庭院，安静无喧哗。

注释： 这首诗代表着古人借花敬母的浪漫。每到萱草花开的时节，就会陪伴在母亲身旁，向母亲敬献一杯酒，祝福母亲健康长寿，笑口常开。

王冕（1287—1359），今浙江绍兴市人。

中国的母亲花传说之一

　　相传，秦朝末年，陈胜起义前家境贫困，生活艰辛，沿途乞讨。有一天，在他饥寒交迫、无力走动时，老妇黄氏救了他，并给了他一碗萱草花汤喝。陈胜称王后，请黄氏入宫再煮萱草花汤给他喝。然而，陈胜品尝后却摇头说此汤味道不如从前。黄氏对他说应该是时过境迁，味觉变了。陈胜听后意识到自己错了，为铭记黄氏救难之恩，封其为义母，并将萱草花称为"母亲花"。

中国的母亲花传说之二

　　相传，隋末时李世民跟随父亲南征北战，他的母亲因过度思念儿子而病倒。当时，大夫采用具有明目安神效果的萱草煎煮成药给李母服用，并在李母居住的北堂种植萱草，以缓解她对儿子的忧思。

　　后来，要远离家乡的人会习惯性地在家里的北堂种植萱草，以此慰藉母亲对儿女的思念。这一做法代代相传，成为习俗。

问：中国的母亲节是什么时候？

答：关于母亲节，我们国家目前尚未有一个法定的日期。但有一些民间约定俗成的日期，每个日期都有着自己的起源和历史。

首先是农历四月初二，这一天被认为是孟母生孟轲的日子。这一天，全国各地的人纷纷开展一系列的庆祝活动，表达对母亲的感激和敬意。

其次是阳历5月的第二个星期日，这是源于西方，且现在被许多国家采纳并庆祝的母亲节。

再次是农历六月初六，相传这是黄帝与嫘祖成婚的日子，而嫘祖被称为中华儿女的母亲。

最后是农历七月十八，有的地区认为这是西王母的诞辰，这与泾川县的西王母文化以及泾川县被视作西王母故里有关。也有一部分地区认为，西王母的诞辰日是在农历三月初三。这两种说法都体现了中国传统文化中对西王母的崇拜。

除此之外，民间还有很多庆祝母亲节的习俗，因为爱母亲的心都是共通的。

第三章 图纹里的萱草花

萱草花是有着深厚文化意蕴的花卉，在历史的长河中留下了丰富多彩的印记。从陶瓷器皿到绘画作品，乃至钱币设计与牌匾题刻，萱草花作为中华文明中一个独特的文化符号，承载着人们对美好生活的向往与情感的寄托。

萱草纹作为中国传统纹饰之一，其历史沿革悠久且富含深厚的文化底蕴，经历了从自然形态到艺术符号的演变过程。古代萱草纹在北方的器物上出现，如定窑瓷器。学者发现，定窑的瓷器纹饰，主要是牡丹、萱草和飞凤这三类题材。随着历史的推进，尤其在唐宋以来，诗歌、绘画、器物图案、匾额等将萱草花母亲意象渲染得家喻户晓。萱草纹作为象征吉祥的纹饰，也被赋予了更多的情感寄托和文化含义。

河北曲阳涧磁村定窑遗址出土的瓷器上的萱草纹饰

内蒙古敖汉旗羊山2号墓出土的瓷器上的萱草纹饰

北京金代皇陵出土的瓷器上的萱草纹饰

宋代龙泉窑青瓷（部分萱草花纹
式是以唐代莲花纹式为基础渐进而成）　　元代龙泉窑萱草花纹式

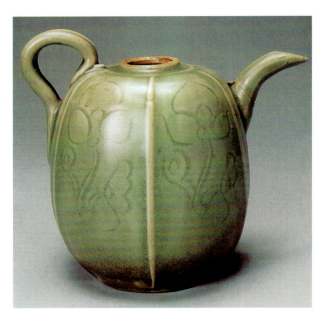

宋代龙泉窑划萱草纹执壶

中华母亲花：萱草花

宋代定窑白釉划花萱草纹
碗，北京首都博物馆文物展

宋代定窑白釉刻花萱草纹
折腰碗，故宫博物院藏

宋代定窑萱草花纹式

宋代越窑青瓷萱草纹梅瓶，
浙江省博物馆藏

　　明代成化年间的青花萱草纹宫碗以其精美的构图和深厚的文化内涵，成为瓷器艺术的典范。它含蓄秀雅，超逸脱俗，简与静，素与雅。形象细致分明，图案美丽，色彩线条清晰，可称达到美术极致。

明代成化时期宫碗上的萱草花纹式

到了明清两代，萱草纹的设计愈发细腻复杂。风格上虽然趋向繁复，但依然保留了其独有的文化意蕴。

萱草花同样是画家笔下的宠儿。文人墨客常以萱草入画，一类借其"忘忧"之意，表达对世事纷扰的淡然与超脱；另一类借其"母亲"之意，表达着颂扬母亲、祝福母亲、母子情深等丰富的主题。

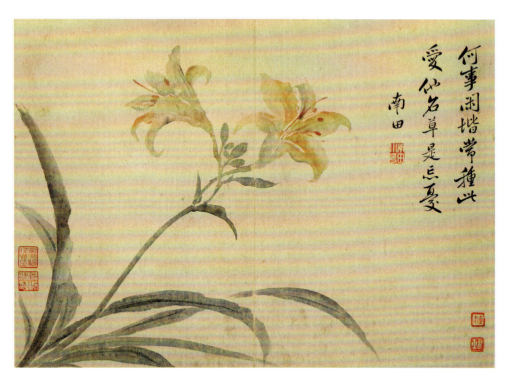

清代《春花图册》局部，恽寿平绘，上海博物馆藏

第二章 图纹里的萱草花

35

清代《萱草蛱蝶图》，蒋廷锡绘，吉林省博物院藏

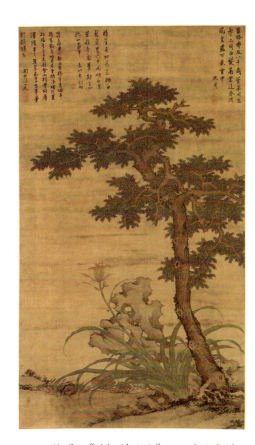

清代《蜀葵萱花图》，蒋廷锡绘，
辽宁省博物馆藏

明代《椿萱图》，沈周绘，
安徽博物院藏

清光绪二十五年（1899）"福荫萱堂"红底金字漆木匾，深圳博物馆藏

　　寿匾是匾额文化中引人注目的门类，其文字表述丰富，意象符号甚多。人们在父母诞辰所赠的匾额，多以椿、萱为主体意象，椿为椿树，萱为萱花。匾额以"椿萱并茂"为标准语，并演变出丰富多样的表述，其中，椿代表父亲，萱代表母亲。以"萱"为意象的占绝大多数，从大量的匾额中，我们看到：萱、萱花、萱草、萱堂、金萱、萱室、萱庭都是母亲的代名词。由此可见象征母亲的萱草花意象在孝道文化中的地位。

"金萱日永"藏匾，上海翰林匾额博物馆藏

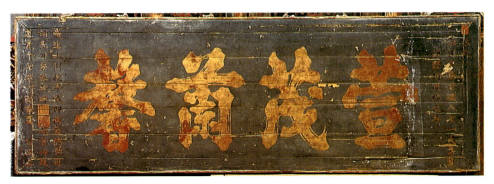

"萱茂兰馨"藏匾，上海翰林匾额博物馆藏

"萱花永茂"藏匾，赣南师范大学客家民俗博物馆藏

"椿萱并茂"藏匾，赣南师范大学客家民俗博物馆藏

中华母亲花：萱草花

中国有些朝代，除了流通买卖的货币之外，政府会定制一些带有专门文字、图案的特殊纪念币，如"萱草长春"花钱，就有祝福母亲长寿之意。

除此之外，萱草花纹式以其柔美流畅的线条与寓意吉祥的形态，为日常生活用品增添了一抹东方雅致，彰显中国传统文化底蕴，承载着温馨与祝福。

送给母亲或年长之人的纪念币正反面

萱草花纹式铜錾刻香盒盒面

第四章 大家来唱萱草花

　　目前已经有一些关于萱草花的歌曲，大家可以多去了解、收听并且演唱。在快节奏的现代生活中，这样的音乐作品如同一缕温柔的风，提醒我们不忘初心、常怀感恩之心，不忘回报那份最纯粹、最无私的母爱。这首《萱草花　母亲花》以萱草花为主题，表达对母亲深沉而温暖的爱与感激之情。

萱草花　母亲花

（童声版）

黎雅广 词
李志刚 曲

1=C 4/4

♩=70

```
0 i 6 5 3 2 1 | 5 3 5 6 i - | 2̇ 3̇ i 6 5 - |
（朗诵）萱  草  生  堂  阶，     游  子  行  天  涯。

6 i 2̇ 3̇ 5̇ 6̇ 5̇ 2̇ | 3̇ - - 3̇ 5̇ | 6̇ i i · 6̇ |
慈  亲  倚  堂  门，           不  见  萱  草  花。

5 6 5 3 5 - | 2̇ 3̇ 5̇ 3̇ 6̇ 5̇ 3̇ 2̇ | 1̇ - - - ）|
```

```
5 3 5 6 i 6 | 5 6 5 3 5 - | 1 2 3 5 3 i 6 | 5 6 6 1 3 2 - |
从  没  有  忘  记  你  善  良  慈  祥，    那  是  我  心  中  快  乐  的  时  光。
从  没  有  见  过  你  委  屈  失  望，    那  是  我  从  小  长  大  的  地  方。
```

```
2 1 2 3 5 - | 6 5 3 2 3 - | 2 3 5 i 6 5 3 | 2 3 3 2 1 1 - |
萱  草  花     开  朵  朵  金  黄，    让  我  多  想  妈  妈  温  暖  的  怀  抱。
萱  草  花     开  朴  素  清  香，    让  我  想  起  妈  妈  忘  记  了  忧  伤。
```

```
（0 5̇ 6̇ 1 2̇ 1 2̇ 3 5̇ 3 5̇ 6）‖: 6 i 2̇ i i - | 7 3 5 6 6 - |
                        mf
                                   萱  草  花，  采  下  它，
                                   萱  草  花，  佩  上  它，
```

```
6 7 i 6 5 6 5 3 | 1 2 3 5 3 2 - | 6 i 2̇ i i - | 7 5 6 6 - |
好  像  又  看  到  妈  妈  的  脸  庞，    母  亲  花，  带  上  它，
好  像  又  靠  在  妈  妈  的  身  旁，    母  亲  花，  栽  下  它，
```

```
6 i 7 6 5 6 5 3 | 5 5 3 i 7 | 6 - - - :‖
一  路  多  少  风     雨  也  不  会  害     怕。
走  到  天  涯  海     角  也  记  得  回     家。
                                        D.C.
```

```
5 5 3 7 · 6 | 6 - - - ‖
记  得  回     家。
```

独　唱：白煜妍　合　唱：曾善美　黄蕴仪　丘殷璇
指　挥：赖元峻　团　队：摩星轮合唱剧团
领　诵：许　可　谢璐谣
录音师：林　烁　录音助理：莫正达
录音棚：瑞格音乐工作室

扫码听一听

41

结　语

　　伴随着萱草花的缕缕清香，走过了一页页承载着深厚文化底蕴的篇章。这不仅是一次对萱草花这一中国传统文化符号的深度探索，更是一场心灵的回归之旅，让我们在快节奏的现代生活中找到了一抹温柔的慰藉，体会到了母爱的伟大与深远。萱草花，自古以来便与母亲的形象紧密相连，它不仅以其淡雅的姿态装点着中华大地，而且承载了无数子女对母亲无尽的思念与敬爱。在这本书中，我们见证了人们对萱草花从古代文学、艺术作品中的细腻描绘，到民间习俗、节日庆典中的深情寄托，再到现代生活中的文化传承与创新应用。每一处细节，都是中华文明绵延不绝、生生不息的生动写照。然而，文化的传承并非自然而然，它需要每一个个体的参与和努力。在这个全球化的时代，当我们享受科技带来的便捷与多元文化的同时，更应意识到保护和弘扬本土文化的重要性。《中华母亲花：萱草花》不仅是对萱草花这一文化符号的歌颂，也是对我们每一个人的呼唤——让我们共同成为中华优秀传统文化的守护者和传播者。

　　在此，我们诚挚地呼吁，无论您身在何处，无论

中华母亲花：萱草花

年龄长幼，都请给予中国传统文化以更多的关注与尊重。让我们在日常生活中寻找那些被遗忘的传统之美，通过阅读、学习、分享，让这些文化符号焕发新的生命力。让萱草花不仅盛开在书籍与画作中，更能绽放在每个人的心田，成为连接过去与未来，沟通心灵与情感的桥梁。我们携手，不仅为了纪念萱草花作为中华母亲花的特殊意义，更为了传承跨越千年的文化自信与民族自豪。

在未来的岁月里，愿萱草花的芬芳能继续滋养我们的精神世界，让中国传统文化之树常青，根深叶茂。在合上本书的这一刻，愿每一位读者心中都能种下一颗文化的种子，让它随着时光的流逝，在心田生根发芽，绽放出属于自己的文化之花。如此，我们共同编织的，将是一个更加丰富多彩、和谐共生的世界。

特别感谢中华儿童文化艺术促进会社会艺术教育工作委员会、中国智慧工程研究会美育发展工作委员会对本书的大力推荐；感谢张艺林会长、田兆元教授、张志国教授对本书提供的学术指导和专业支持；感谢孟宪龙先生、谢璐羽女士对本书的插画绘制；感谢深圳博物馆、张志国教授、黄清喜教授、熊文丹女士为本书提供的图片资料及专业摄影；感谢音乐家李志刚教授的编曲、姚畅老师的音乐审校；感谢赖元峻老师的合唱剧团、林烁老师的录音棚支持。感谢所有为《中

结语

43

华母亲花：萱草花》付出努力的朋友们。

萱草花开，慈母在心。让我们共同传播中华母亲花——萱草花的文化价值，推广属于中国的孝道文化符号。

写给妈妈的话

萱草花·花语

——母亲，永远爱您！

——感恩母亲，忘记忧愁。